Fundamentos da Engenharia de Manutenção

Mario Cesar Francisco Pego

Índice

RESUMO

CAPÍTULO 1

1.1 INTRODUÇÃO

1.2 JUSTIFICATIVA

1.3 OBJETIVO

CAPÍTULO 2

2.1 TEORIA DA MANUTENÇÃO

2.2 TIPOS DE MANUTENÇÃO

2.4 FORMA DE ATUAÇÃO DA MANUTENÇÃO

CAPÍTULO 3

3.1 GESTÃO DA MANUTENÇÃO

3.1.1 A MISSÃO DO ÓRGÃO DE MANUTENÇÃO

3.1.2 ESTRUTURA ORGANIZACIONAL

RESUMO

O desempenho da manutenção influência nas condições ambientais, na segurança, na eficiência, na estética e na disponibilidade das edificações e dos equipamentos, e, portanto, nos resultados da instituição.

Este Livro pretende demonstrar a importância da manutenção como elemento crítico de sucesso das instituições, analisando como as ferramentas de gestão e os conhecimentos técnicos de manutenção podem otimizar o processo de gestão de manutenção e agregar valor a instituição.

CAPÍTULO 1

1.1 INTRODUÇÃO

A gestão da manutenção necessita de modernização para dar suporte a toda a instituição.

Há necessidade de planejamento e integração entre as áreas de projetos e manutenção, para permitir o atendimento dos objetivos institucionais.

1.2 JUSTIFICATIVA

A Gestão da Manutenção é decisiva para o atendimento da missão de qualquer instituição, as instalações e equipamentos devem estar disponíveis e em bom estado para que seja possível o desenvolvimento das atividades.

As principais questões apresentadas serão:

Identificação de problemas de execução de manutenção.

Comparação da situação atual e propostas para o futuro da manutenção.

Melhoria contínua dos processos.

Determinar a eficácia dos procedimentos de manutenção utilizados.

Determinar o nível de satisfação dos clientes dos serviços de manutenção.

Planejamento de novos procedimentos para manter o funcionamento e aumentar a disponibilidade das instalações.

1.3 OBJETIVO

Analisar como as ferramentas de gestão e os conhecimentos técnicos de manutenção podem otimizar o processo de gestão de manutenção e agregar valor a instituição.

Estrutura do Livro

Capítulo 1- Introdução: Identificação do problema, Justificativa e Objetivo.

Capítulo 2 - Teoria da Manutenção: Fundamentação teórica.

Capítulo 3 - Gestão da Manutenção: Gestão da Qualidade, dos recursos, de pessoas e de custos.

CAPÍTULO 2

2.1 TEORIA DA MANUTENÇÃO

Definição

A manutenção é um serviço que visa manter os objetivos de interesse dos usuários, proprietários e ocupantes, previstos em projeto, garantindo segurança, conforto, estética, saúde e eficiência.

Por se tratar de serviço, apresenta as seguintes características:

a) Intangibilidade: não pode ser avaliado pelos sentidos humanos, portanto exige elaboração de relatórios.

b) Perecibilidade: são consumidos no momento da execução, não é possível manter estoque, portanto a fila para execução do mesmo é inevitável, caso contrário haverá ociosidade de recursos devido à sazonalidade.

c) Heterogeneidade: é executado de maneira diferente por empregados diferentes.

d) Localidade: os serviços são consumidos no local onde são produzidos, os deslocamentos necessários implicam a delimitação geográfica.

e) Publicidade: impossibilidade de proteção por patente, por isso o fornecedor deve estar atento ao mercado em busca de boas práticas, mudando sempre , pois tudo o que for feito de bom será copiado.

2.2 TIPOS DE MANUTENÇÃO

Podemos classificar a manutenção de acordo com o tipo de intervenção que se faz na instalação ou no equipamento como mostrado a seguir.

Figura 1- Tipos de Manutenção

Manutenção corretiva - intervenção decorrente de falha, situação em que o equipamento deixa de cumprir sua função, ou defeito, situação de funcionamento insatisfatório;

Manutenção preventiva baseada em tempo - intervenção feita a intervalos regulares de tempo ou de funcionamento (por exemplo, horas trabalhadas). Em inglês conhecida como *time based maintenance* (TBM);

Manutenção preventiva baseada em condição ou preditiva - intervenção feita de acordo com o acompanhamento e determinados parâmetros do equipamento (por exemplo, medição de desgaste ou análise de óleo lubrificante). Em inglês conhecida como *condition based maintenance* (CBM);

Manutenção de melhoria - intervenção feita para alterar as condições de um equipamento com o objetivo de aumentar o seu rendimento, a qualidade dos produtos processados ou melhorar algum parâmetro operacional.

Como demonstrativo da situação média da manutenção industrial no Brasil, apresenta-se, na figura 2 e 3, distribuição de aplicação de recursos no ano de 2001 e 2013 segundo o Documento Nacional da Associação Brasileira de Manutenção (ABRAMAN).

Percentual de Aplicação dos Recursos				
Setores	Valores Corrigidos (%)			
	Manutenção Corretiva	Manutenção Preventiva	Manutenção Preditiva	Outros
Alimentos e Bebidas	46,73	23,36	29,91	-
Automotivo e Metalúrgico	30,08	24,74	13,77	31,41
Borracha e Plástico	33,33	35,80	18,52	12,35
Cimento e Construção Civil	28,00	48,00	18,00	6,00
Eletroeletrônica e Telecomunicações	55,10	30,61	14,29	-
Energia Elétrica	10,25	47,36	32,71	9,67
Farmacêutico	49,09	41,82	9,09	-
Fertilizantes, Agroindústria e Químico	28,45	29,74	18,10	23,71
Hospitalar	27,92	34,52	22,34	15,23
Móveis e Divisórias	40,82	53,06	6,12	-
Máquinas e Equipamentos	46,67	20,00	33,33	-
Mineração	17,35	34,69	32,65	15,31
Papel e Celulose	22,34	36,17	35,11	6,38
Predial	37,50	31,25	6,25	25,00
Petróleo	33,61	33,94	15,78	16,66
Petroquímico	32,97	35,16	25,27	6,59
Saneamento e Serviços	26,04	33,14	17,16	23,67
Siderúrgico	12,58	49,42	14,63	23,36
Têxtil	29,41	58,82	5,88	5,88
Transporte	21,62	43,24	8,11	27,03
Total	28,05	35,67	18,87	17,41

Figura 2 – Distribuição de recursos aplicados em manutenção (2001)

Aplicação dos Recursos na Manutenção (%)				
Ano	Manutenção Corretiva	Manutenção Preventiva	Manutenção Preditiva	Outros
2013	30,86	36,55	18,82	13,77
2011	27,40	37,17	18,51	16,92
2009	26,69	40,41	17,81	15,09
2007	25,61	38,78	17,09	18,51
2005	32,11	39,03	16,48	12,38
2003	29,98	35,49	17,76	16,77
2001	28,05	35,67	18,87	17,41
1999	27,85	35,84	17,17	19,14
1997	25,53	28,75	18,54	27,18
1995	32,80	35,00	18,64	13,56
Hh (serviços de manutenção) / Hh (total de trabalho)				

Figura 3 – Distribuição de recursos aplicados em manutenção (2013)

Sugere-se examinar, para cada instalação, os seguintes pontos:

- A distribuição de recursos em cada tipo de manutenção;
- A distribuição de esforço (dado qualitativo) em cada tipo de manutenção;
- As vantagens e desvantagens de cada tipo de manutenção.

Qualquer estudo de vantagens comparativas de cada tipo de manutenção deve levar em conta o custo de cada opção. Se, por um lado, é tentador, no aspecto técnico, pensar em aplicar manutenção preditiva a todos os equipamentos instalados, isso implica existência de registros precisos de histórico técnico e aplicação de planos de manutenção preventiva para cada um desses equipamentos. Equipamentos sofisticados ou caros, como uma central de ar condicionado, certamente requerem estratégias tecnicamente elaboradas, o que certamente não ocorre com equipamentos e dispositivos simples, como lâmpadas, torneiras e outros.

A manutenção, em seus primórdios, constituía-se em reparar equipamentos que falhassem. Esse conceito não é válido para a aeronáutica, pois uma falha durante a operação (o vôo) é trágica. Portanto, pode-se dizer que aviões impuseram desenvolvimento à manutenção, como semente de práticas de manutenção preventiva.

A manutenção preventiva iniciou-se com procedimentos de manutenção a períodos fixos, quer os equipamentos apresentassem defeitos, quer não. Não obstante primitivo, é método utilizado hoje, como no exemplo dos automóveis, em que se recomenda troca de óleo depois de percorrida certa quilometragem, ou aviões, com revisões após certo número de horas de vôo ou operações de decolagem e pouso.

A manutenção preventiva por intervalos de tempo ou operação pode causar custo excessivo, pois condições de uso diferentes implicam desgaste diferente, logo necessidades de manutenção diferentes. Mesmo assim não garante confiabilidade nos equipamentos e sistemas. O exemplo de óleo de motor de automóveis também é válido aqui, pois condições de uso diferentes, como qualidade de estradas, solicitação de potência, temperaturas ambientes e de operação dos motores provocam degradações diferentes nas características dos lubrificantes. A manutenção preventiva começa a evidenciar suas próprias falhas.

Estudos estatísticos feitos na aeronáutica permitiram chegar às conclusões:

1-Revisões programadas têm pouco efeito na confiabilidade de sistemas complexos, a menos que haja um modo de falha dominante;

2-Existem muitos equipamentos para os quais não há forma efetiva de manutenção programada;

3-A curva da banheira no comportamento de falha só é verdadeira para um pequeno conjunto de equipamentos. A maior parte deles, particularmente eletrônicos, tem taxa de falha alta no início e praticamente invariável ao longo do tempo.

Os caros e complexos programas de preventiva projetados durante a primeira geração de sistemas de gerenciamento de manutenção por computador jamais foram aplicados. Um grande operador de óleo do Mar do Norte tinha uma carga de trabalho prevista a de mais de um milhão de homens-horas por ano de preventiva e estava atrasado em mais de meio milhão de homens-horas e nem por isto teve problemas nas plataformas. Tornou-se óbvio que se dava ênfase excessiva à preventiva por "idade certa", pois muitos itens para os quais a preventiva não foi feita não falharam.

Em seguida passou-se a procurar uma só solução para todos os problemas. A nova alternativa foi a manutenção preditiva, iniciada com monitoração de equipamentos rotativos - análise de vibração e outros sinais. A preditiva é uma solução poderosa, quando aplicada ao problema certo, no modo certo e na freqüência certa. A dificuldade está em ser difícil identificar o problema certo, monitorar no modo certo, no momento certo e na seqüência certa. Foram relatados episódios em que indícios de problemas mostrados pelos instrumentos de monitoração não se configuraram em problemas.

A evolução da manutenção levou às seguintes técnicas:

- Monitoramento sob condição;
- Projetos voltados para a confiabilidade e manutenibilidade;
- Análise de riscos;
- Equipes multidisciplinares;
- Integração entre operação e manutenção;
- Análise de modos de falha e conseqüência das falhas;

Sistemas especialistas, que são ferramentas de informática projetadas para analisar valores e compará-los com padrões ou séries históricas e explicitar essas comparações e os desvios obtidos, subsidiando decisões técnicas.

Chega-se à manutenção centrada na confiabilidade (MCC), cujo objetivo é manter o desempenho de um equipamento ou sistema dentro da demanda considerada no projeto. Não é preservar a capacidade inicial, mas preservar as funções para as quais o ativo foi planejado. Não é preservar o que a máquina é, mas o que a máquina faz.

Considera-se, atualmente, que a atividade de manutenção eficiente deve não evitar a falha, mas as conseqüências da falha. Evitar ou minimizar as conseqüências da falha significa analisar não equipamentos isoladamente, mas o desempenho de suas funções no sistema. Esse método privilegia emprego de sistemas de segurança em que eventuais custos de falhas os justifiquem. Um exemplo de sistema de segurança contra conseqüências de falhas são os equipamentos reserva *(stand-by)* empregados em processos não que aceitem interrupções. Sistemas adequadamente protegidos poderão ter muitos equipamentos que só justifiquem manutenção quando falhem, logo não demandam manutenção preventiva.

Sistemas de proteção requerem um outro tipo de manutenção, chamada de manutenção detectiva, que é um teste periódico nos sistemas de proteção, para verificar se estão funcionando. Sistemas de proteção podem ser desde um simples alarme até um equipamento em paralelo, que sirva como *backup* do primeiro.

A automatização das instalações faz decrescerem os custos de operação, pois menos operadores são necessários, mas fez aumentarem os de manutenção, pois há mais equipamentos, estes são mais sofisticados, e a manutenção centrada em confiabilidade tem seu custo. Em vez de procurar diminuir a qualquer preço os gastos com manutenção, convém examinar a soma de custos de operação e manutenção, que certamente diminui. Há, também, o desafio de privilegiar a manutenção onde há maior retorno. Não devem ser descartadas soluções do tipo "usar até quebrar" e "quebrou -> troca" onde os custos assim o justifiquem.

Apresentam-se alguns conceitos de manutenção centrada em confiabilidade (MCC):

- Requer organização e documentação de informações;
- Requer organização de métodos de trabalho;
- Não é, necessariamente, maior informatização das atividades de manutenção, mas sim um trabalho conjunto entre operação, manutenção e especialistas, no sentido de atuar nos equipamentos com o objetivo de anular (ou minimizar) as conseqüências das falhas;
- Não é um sistema de computador, mas uma metodologia de trabalho de manutenção;
- Em se optando por informatização do processo, requer menos complexidade que antigos e caros sistemas de manutenção preventiva.

Basicamente, o processo da MCC se inicia com 7 perguntas:

1-Quais são as funções e padrões de desempenho do item em seu contexto operacional?

2- De que formas o item pode falhar em cumprir suas funções?

3- O que pode causar cada falha funcional?

4- Quais as conseqüências de cada falha?

5- Qual a importância e risco de cada falha (para o item, para o processo e para o homem)?

6- O que pode ser feito para prevenir cada falha?

7-O que deve ser feito se não for encontrada uma tarefa preventiva mais adequada?

Nesse contexto uma falha é definida como a incapacidade de um equipamento ou conjunto de equipamentos para satisfazer desempenho desejado numa determinada função.

A maior abrangência do conceito de confiabilidade foi grupar as falhas, de acordo com sua importância e risco. A MCC agrupa as falhas nas seguintes categorias:

- Ocultas - não têm impacto direto, mas expõem a empresa a outras falhas com conseqüências sérias, muitas vezes catastróficas. A maioria dessas falhas ocorre com dispositivos de proteção, que, como normalmente não estão operando, não se sabe se estão funcionando. E se não funcionarem quando deles precisarmos. Recomenda-se que os dispositivos de proteção sejam testados periodicamente. É a manutenção detectiva, mencionada acima.

- De segurança e meio ambiente - uma falha tem conseqüência sobre a segurança se, potencialmente, pode ferir ou matar alguém. E tem conseqüência sobre o meio-ambiente se violar qualquer padrão ambiental, seja da empresa, regional ou federal. A MCC pressupõe que o risco dessas conseqüências deve ser trazido o mais perto possível de zero.

- De conseqüências operacionais - esse tipo de conseqüência ocorre quando a falha afeta a produção. Devem ser calculados os custos potenciais destas perdas para tomar decisões econômicas quanto aos dispositivos de proteção adequados.

- De conseqüências não operacionais - são falhas que por si só não trazem nenhum outro prejuízo que não seja o custo do reparo. Por exemplo, poderíamos citar bombas que tem outra bomba de reserva, ou um outro sistema alternativo para manter a produção da unidade. Equipamentos que suas falhas estejam nesta categoria podem rodar até quebrar, desde que os equipamentos de proteção respectivos sejam adequadamente testados.

A classificação dos Equipamentos quanto a conseqüência de suas falhas segundo as categorias acima permitirá que a manutenção se torne mais efetiva em termos de custo, concentrando seus esforços onde é realmente necessário. Essa classificação pode requerer a revisões de projeto de engenharia de alguns sistemas, com o objetivo de prepará-los para minimizar conseqüências de suas falhas.

Quanto ao que pode ser feito para prevenir cada falha, o MCC propõe a criação de três categorias de tarefas preventivas, a saber:

1-Tarefas programadas sob condição: são as atuais tarefas de preditiva. Abrangem a verificação periódica dos dispositivos de monitoração e o conjunto de tarefas de retorno do item a sua condição operacional normal quando se detecta potencial de falha. Requerem que se evite aplicá-las em equipamentos que não requeiram acompanhamento rigoroso, quando constituiriam desperdício.

2-Tarefas programadas de restauração: é a atual manutenção corretiva. Englobam os equipamentos cujas falhas estejam na categoria de conseqüência não operacional.

3-Tarefas de descarte - englobam os equipamentos ou itens que se pretende substituir quando quebrarem.

2.4 FORMA DE ATUAÇÃO DA MANUTENÇÃO

A forma de atuação dependerá das características dos produtos e do tamanho da organização, e pode ser :

✤ Centralizada;

No caso da manutenção centralizada (ex.: pequenas e médias empresas, grandes edifícios e hospitais) se aplica por características geográficas.

✤ Descentralizada;

Na manutenção descentralizada, é necessário caracterizar qual será a estratificação da atuação, se por área, linha de produto, unidade de negócio ou departamento, ou ainda uma combinação de segmentos.

✤ Mista.

No caso da manutenção mista, esta tem sido muito bem aplicada em plantas grandes, pois proporcionam vantagens da manutenção centralizada e descentralizada.

Há, segundo Kardec & Nascif (2001), uma quarta forma de atuação da manutenção é a formação de times multifuncionais.

> *"...é a tendência moderna de formação de times multifuncionais alocados por unidade(s) para fazer um pronto atendimento, em plantas mais complexas, já aplicadas em poucas empresas brasileiras de alta competitividade com excelentes resultados".*
> *(Kardec & Nascif, 2001, p.63)*

Esta quarta forma de atuação – formação de times multifuncionais alocados por unidade apresenta as seguintes vantagens:

- Entrosamento das diversas especialidades;
- Aumento da produtividade e da qualidade;
- Maior conhecimento da Unidade;
- Atuação multifuncional;
- Maior integração entre as pessoas e a Unidade.

A Associação Brasileira de Manutenção – ABRAMAN apresentou no documento anual de 2007 os resultados de uma pesquisa nacional sobre manutenção, que mostra a adoção das formas de atuação da manutenção pelas empresas pesquisadas no país (Figura 4).

Na figura 5, podemos observar a evolução da adoção das forma de atuação da Manutenção de 1995 a 2007.

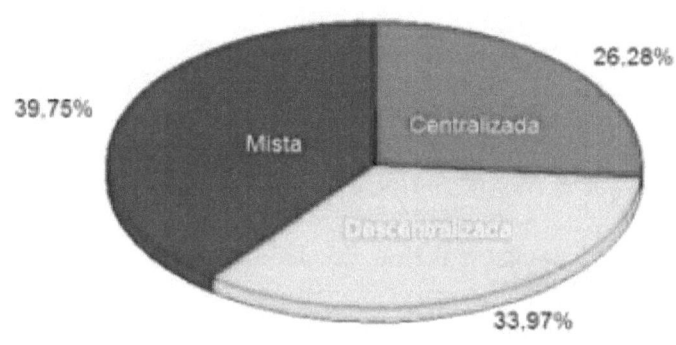

Figura 4 - Forma de atuação da manutenção no ano de 2007

Forma de Atuação da Manutenção	%						
	1995	1997	1999	2001	2003	2005	2007
Centralizada	46,20	42,50	40,52	36,62	42,52	36,14	26,28
Descentralizada	13,70	15,83	21,55	21,13	21,26	27,20	33,97
Mista	33,50	41,67	37,93	42,25	36,22	35,96	39,75
Unid. de Negócio	6,60	-	-	-	-	-	-

Figura 5 - Forma de atuação da manutenção de 1995 a 2007

Podemos descrever as vantagens da forma centralizada em relação à forma descentralizada:

1- Eficiência global maior que a descentralizada;

2- O efetivo de manutenção tende a ser menor;

3- A utilização de equipamentos é maior e estes equipamentos podem ser adquiridos em menor quantidade;

4. A estrutura de supervisão é mais enxuta.

Por outro lado, há desvantagens da manutenção centralizada em relação à descentralizada:

1- Necessidade de deslocamento em frentes de serviços para supervisão, tornando-a mais difícil;

2- Desenvolvimento de especialistas em determinados equipamentos demanda mais tempo;

3- Maiores custos com transporte para áreas distantes;

4- Menor cooperação entre operação e manutenção;

5- Favorece aplicação de polivalência (profissional com muitas funções).

CAPÍTULO 3

3.1 GESTÃO DA MANUTENÇÃO

Gestão da Qualidade

3.1.1 A MISSÃO DO ÓRGÃO DE MANUTENÇÃO

A missão do órgão de manutenção tem de estar ligada à missão da organização. Esse órgão deve ser responsável pelo funcionamento das instalações, dentro de condições que propiciem apoio à garantia da qualidade dos produtos finais e à produtividade dos processos. É preciso pensar primeiramente na Função Manutenção dentro do fluxo produtivo para depois se alocar tarefas e responsabilidades a pessoas ou órgãos de uma empresa.

3.1.2 ESTRUTURA ORGANIZACIONAL

Na cultura administrativa, as empresas são divididas em células organizacionais ou órgãos internos. A maneira mais comum de efetuar essas divisões é a funcional.

Nas empresas tais órgãos têm tamanhos diversos e podem abrigar mais de uma função. Além disso, a definição das atividades englobadas em cada função também varia conforme a empresa.

Por outro lado, essa mesma cultura promoveu criação de barreiras entre os órgãos, tornando-os cada vez mais estanques e dificultando relacionamento e cooperação. Assim, fica comprometido o necessário alinhamento dos objetivos de todos os órgãos ao do negócio da empresa.

Oportuno movimento contrário à desintegração citada foi a implantação da filosofia de gestão pela Qualidade Total, quando se passou a enfatizar produtos e os necessários processos de negócio para obtê-los, em vez de estruturas organizacionais. Viu-se como vital a participação de todos os empregados em todos os assuntos da empresa, propiciando reação à rigidez.

A gestão pela Qualidade Total examina, primeiramente, os produtos, as atividades e funções e depois analisa como seria a melhor forma de executá-las na empresa, independentemente da estrutura hierárquica.

Entretanto, como ainda não há substituto para o organograma que tenha sido implantado e esteja consagrado por uso e sucesso no cumprimento da missão, depois de avaliada a Função Manutenção e seus processos as atividades necessárias a seu cumprimento são distribuídas pelos órgãos da empresa.

A figura 6 mostra um exemplo de organograma de manutenção à nível de gerência.

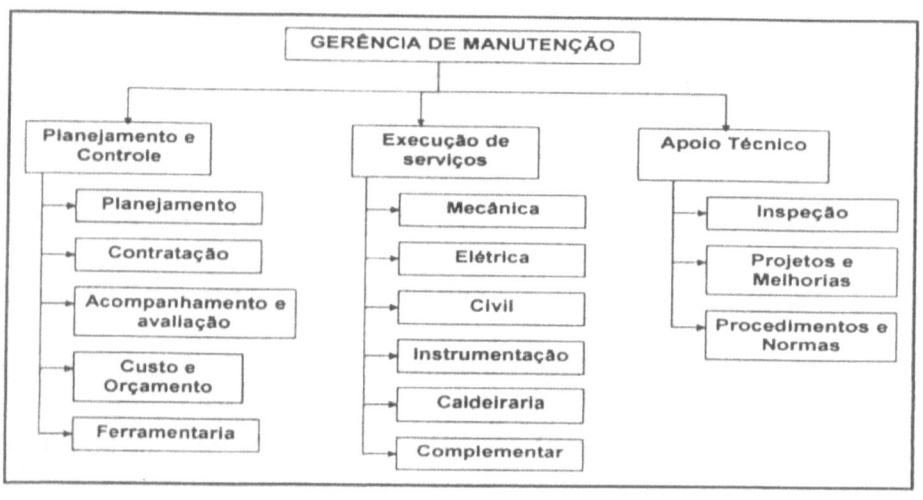

Figura 6 – Exemplo de organograma

Fonte: Material sobre Gestão _ Qualitymark Editora Ltda

3.1.3 Estabelecimento de Objetivos e Metas – Situação Atual e Situação Desejada

A manutenção, como qualquer atividade técnica, deve ter metas estabelecidas. Cabe ao gestor fixar tais metas e acompanhar o progresso em direção a seu atendimento.

Considerando que manutenção é prestação de serviço, as metas a atingir devem refletir as atividades necessárias à satisfação de desejos e necessidades dos clientes desse serviço. A manutenção tem, portanto, a responsabilidade de conhecer sua clientela e suas necessidades.

Como se trata de atividade técnica, nada mais natural que a gestão seja acompanhada por meio de indicadores, ou seja, números, e sua comparação com valores fixados como metas. Indicadores são variáveis em função do tempo que servem para representar características importantes, no ponto de vista do cliente, de um determinado produto e acompanhar o desenvolvimento de um processo em direção às suas metas.

Só se gerência aquilo que se mede e a principal medida deve ser a satisfação dos clientes.

O fato de o indicador ser representante de uma característica importante de um determinado produto já é, por si só, um limitador na quantidade de indicadores necessários para um processo.

Ressalte-se que não faz o menor sentido elaborar indicadores para processos que não se quer ou não se pode gerenciar.

Para efeito de acompanhamento pela gerência, os indicadores devem ser medidos durante todo o processo, para que mostrem seu progresso e tendência de atendimento das metas ou falhas em relação a elas. Ao longo do processo metas poderão ser revistas ou ações corretivas poderão ser tomadas para eventuais correções de rumo.

Os indicadores escolhidos devem ter as seguintes características:

Simplicidade;
Fidedignidade em refletir o processo medido;
Confiabilidade;

Baixo custo;

Ampla abrangência;

Não gerar acréscimo de custos significativo para o processo que mede;

Permitir comparações com instalações semelhantes;

O uso de indicadores passa por fases, descritas abaixo:

1-Organização e planejamento - Fase em que a gerência deve ter em mente acompanhar e medir os processos importantes para o cliente. Acessoriamente, outros indicadores podem ser criados para medir processos indiretos de obtenção de satisfação do cliente, como, por exemplo, horas de treinamento do pessoal, claramente um processo indireto, não obstante importante. Esta fase divide-se em:

Escolha dos processos e metas a serem refletidos pelos indicadores;

Definição dos indicadores a serem utilizados;

Escolha dos responsáveis por coleta de dados, cálculo dos indicadores e sua apresentação em forma de tabelas ou gráficos;

Escolha dos sistemas de coleta e processamento dos dados.

2- Obtenção e processamento das informações - pesam nessa fase as características de simplicidade e baixo custo de obtenção, com as seguintes divisões:

Coleta de dados;

Alimentação do sistema de processamento;

Obtenção de relatório composto de tabelas ou gráficos com o formato final dos indicadores.

3-Avaliação dos resultados do indicador - fase essencialmente gerencial, de análise de informações e tomada de decisões. Inicia-se com comparação dos valores obtidos com aqueles estabelecidos como metas. Cabem aqui visão sistêmica, planejamento, capacidade de reação às solicitações e mesmo de antevisão de problemas ou possibilidades de ações de melhoria contínua do processo.

4- Revisão - fase de implementação das ações projetadas na fase anterior. É importante, também, não perder de vista a possibilidade de revisão no próprio indicador ou em suas metas, desde que não seja para simplesmente reduzir expectativas, mas para adequar a capacidade de atendimento de metas, bem como rever o nível de fixação de expectativas.

Indicadores são importantes ferramentas gerenciais de trabalho, e nenhum gerente pode abrir mão de ter um sistema de indicadores.

Benchmarking

Benchmarking é uma forma de comparação entre parâmetros relativos a um determinado processo realizado por diversas organizações. Os parâmetros devem ser arranjados de forma a permitir tais comparações entre organizações participantes, para que conheçam sua situação em relação à das outras quanto à eficiência do processo escolhido. Os parâmetros comparados propiciam orientar a busca da melhoria contínua dos processos, que pode levar a melhoria no desempenho.

O benchmarking fornece subsídios para responder a duas perguntas fundamentais:
Onde se está nesse momento em relação a outros?
Aonde se quer chegar?

O processo de benchmarking permite a identificação das áreas onde as mudanças fazem diferença na relação com os nossos clientes. As lições aprendidas durante o processo permitem alcançar e exceder os melhores padrões praticados no mercado estabelecendo, aos olhos do cliente, aquilo que faz a diferença entre um fornecedor medíocre e um excelente.

Um benchmarking bem aplicado, com resultados bem tabulados e conclusões implementadas, pode trazer os seguintes benefícios:

Conseguir pontos de vista externos;

Permitir que a empresa aprenda de fora para dentro;

Reduções significativas de desperdício, retrabalho e duplicação;

Aumento do conhecimento do que se faz e quão bem se está fazendo;

Entendimento dos processos, que pode levar a um gerenciamento mais efetivo;

Facilidade em estabelecer alvos que tenham credibilidade;

Identificação de o quê e onde mudar;

Remoção de atitudes reativas.

O processo de benchmarking pode ser dividido nas seguintes etapas:

1-   Organização e planejamento:

Definição do processo que será submetido ao benchmarking;

Identificação de parceiros potenciais;

Identificação de dados requeridos, fontes e métodos apropriados de coleta.

2-   Coleta e análise de dados:

Seleção de parceiros e coleta de dados;

Determinação da diferença de desempenho entre a empresa e a melhor colocada em cada parâmetro;

Estabelecimento da meta de desempenho para cada parâmetro.

3-   Ação:

Comunicação e engajamento das pessoas;

Ajuste nos alvos e desenvolvimento de um plano de correção;

Implementação e monitorização.

4-   Revisão:

Avaliação do progresso e revisão do processo.

Pode-se fazer um benchmarking com pessoal próprio ou contratar sua execução. Com pessoal próprio pode ser mais fácil a escolha dos parâmetros que realmente interessem evitando a necessária adaptação de consultores a uma empresa, por outro lado utilização de consultores costuma facilitar o acesso a informações que as empresas consideram como "sensíveis", pois consultores podem conduzir o processo com anonimato dos dados. Além disso, consultores especializados e atuantes na área certamente poderão ser detentores das melhores práticas no processo.

Tipos de parceiros para benchmarking

Interno - tem como vantagens linguagem, cultura e sistemas de dados comuns; facilidade de acesso a dados. Por outro lado, elimina a possibilidade de foco externo e pode levar a disputas internas indesejáveis;

Externo - não tem as vantagens do ambiente similar, mas a possibilidade de comparação com empresas externas pode resultar em grandes saltos de qualidade no seu processo.

Gestão dos Recursos

O gestor da manutenção deve manter todo o tempo plena consciência da totalidade de recursos à disposição imediata para realizar o trabalho e buscar a melhor utilização possível para eles.

Deve, também, observar os recursos que pode almejar e planejar ter futuramente, seja em prazo curto, médio ou longo. Vale aqui se lembrar dos objetivos e metas para a gestão da manutenção, em que fica clara a existência de desafios. Desafios podem, por vezes, ser realizados com os recursos disponíveis, não obstante pouco provável, mas é razoável supor que mais e melhores recursos, desde que bem utilizados, certamente propiciarão atendimento de metas desafiadoras.

Refere-se aqui a todo tipo de recursos e citam-se alguns exemplos, apenas como ilustração e forma de explicitar a abrangência:

Humanos;

De informação, como livros, manuais, legislação, normas, cursos, seminários, congressos, rotinas específicas da empresa;

Ferramentas e máquinas de manutenção;

Fornecedores de materiais e serviços;

Clima organizacional da própria manutenção;

Apoio logístico dos outros departamentos da empresa;

Apoio da gerência superior;

Clientes.

Merece destaque um exemplo de mau uso de recursos encontrado em diversas organizações, que é a dificuldade, típica de nossa cultura, de delegar tarefas. Um gerente deve administrar o dia-a-dia, ao mesmo tempo em que deve reservar alguma liberdade dessa rotina para estender sua visão acima e adiante de todos os empregados da administração, mirando clientes, parceiros, fornecedores de bens e serviços, competidores e possíveis meios de executar melhor o trabalho de sua equipe. Uma das formas de conseguir tal liberdade é a delegação de algumas tarefas, mesmo gerenciais. Não se delega responsabilidade, que caberá sempre ao gerente, mas é perfeitamente possível delegar tarefas sem perder o controle e a posição gerencial, desde que se tenha investido em desenvolvimento de uma equipe coesa.

Nem todos consideram honestamente que desperdiçam recursos em seu trabalho, pois sempre se esforçam em programar e executar bem seus serviços e o de seus subordinados. Não se fala aqui, somente, de desperdício de materiais, mas de todos os recursos à disposição do gestor, como recursos humanos, tempo, competências, legislação e todos os demais já expostos.

A situação seria ainda mais impactante se alguém externo à equipe manifestasse essa opinião, ou expressasse a existência de desperdício de materiais ou de outros recursos.

Partindo do pressuposto da existência de desperdício de recursos, há que quantificá-lo, o que nem sempre é possível devido ao estado dos históricos de serviços, falhas ou defeitos, compras de materiais e outros. A experiência mostra a existência de grandes fontes de desperdícios, como:

Aquisição de equipamentos sofisticados, que ficam sub-utilizados ou mesmo não são usados, devido à falta de operadores ou técnicos de manutenção treinados;

Limitação da vida útil de equipamentos devido a inexperiência de operadores ou falta de manutenção preventiva ou corretiva;

Gastos adicionais com acessórios, serviços, sobressalentes especiais, equipamentos de testes e modificações nas instalações físicas não previstas inicialmente por projeto inadequado;

Falta de padronização, resultando no aumento dos gastos com componentes e assistência técnica;

Redução do tempo médio entre falhas (MTBF) e aumento do tempo médio para reparos (MTTR) devido a falta de sobressalentes, inexperiência nos reparos e ausência de manutenção preventiva.

Também são conhecidas fontes para desperdícios individualmente menores, mas não menos danosos, tais como:

Programação inadequada de mão-de-obra;

Manutenção de estoques elevados de sobressalentes;

Inexistência de rotina de inspeções, que poderiam proporcionar detecção de defeitos e indicar reparos antes que os equipamentos e sistemas falhassem;

Execução de manutenções corretivas em equipamentos que tenham ultrapassado em muita sua vida útil, o que freqüentemente aumenta o custo de manutenção pela recorrência de falhas e pela dificuldade de encontrar sobressalentes;

Treinamento inadequado às equipes.

Assim, propõe-se considerar o conceito de desperdício para tudo o que seja contrário ao que foi escrito nos itens anteriores. Um gestor de manutenção que não invista em treinamento de seu pessoal, sem dúvida, desperdiçará oportunidades de melhorar a qualidade de seus serviços. Um gerente que não promova um desenvolvimento de equipe desperdiça oportunidades de formação de um grupo efetivamente unido e alinhado com o objetivo da manutenção. Pode-se citar exemplos sem fim, todos tirados de experiências reais de trabalho.

Recomenda-se, portanto, observar, sempre, como melhorar a qualidade do que seja planejado, executado, adquirido, armazenado, discutido etc. O gestor deve manter olhos abertos para eventuais desperdícios de recursos e procurar obter de seus subordinados atitude semelhante.

3.2.1 Recursos Próprios X Recursos Contratados

Com freqüência gerentes, engenheiros e técnicos imaginam-se capazes de resolver todos os problemas, considerando custo um componente secundário. Não se discutirá aqui a competência técnica das equipes componentes da manutenção, mas os resultados e a eficiência relacionada a custo de seu trabalho.

Nem sempre faz sentido treinar pessoal e adquirir ferramental necessário para realizar serviços eventuais e de pouca importância estratégica para manutenção. Nesses termos, cabe sempre julgar os serviços a realizar quanto a custo, competência técnica, eventualidade, especialidade e importância estratégica no negócio.

Exemplificando, um hospital não pode ficar esperando que uma turma de reparos externa venha dar assistência a um grupo gerador, se este é um sistema crítico. A gerência da manutenção deve considerar os ditames de manutenção centrada em confiabilidade e os custos antes de escolher entre manter um sistema reserva (stand by) ou uma equipe de manutenção e um conjunto mínimo de sobressalentes.

Existem, também, restrições legais, como no caso de manutenção de elevadores, para a qual existem leis específicas que impõem uma estrutura técnica e de licenças para empresas desse negócio. Não é factível ter todo esse arcabouço técnico e de licenças legais para manter os elevadores de somente um edifício ou complexo. Em termos de custo, não há dúvida quanto a manter contratos com empresas especializadas e licenciadas do mercado.

Em outros casos, não constituirá perda de competência, respeito frente aos clientes, ou mesmo "soberania" em manter contratos de manutenção de alguns equipamentos ou sistemas, ou mesmo fazer contratações extraordinárias para resolver problemas eventuais.

3.2.2 Logística

Pode-se definir logística como o posicionamento de recursos no local e hora em que são necessários.

Cabe a manutenção disponibilizar os recursos necessários para as atividades de seus clientes. Esses recursos variarão de acordo com as finalidades do complexo considerado, portanto devem ser analisados caso a caso.

Nesse momento as equipes se tornam também clientes da manutenção, pois necessitam de recursos para desempenhar suas funções.

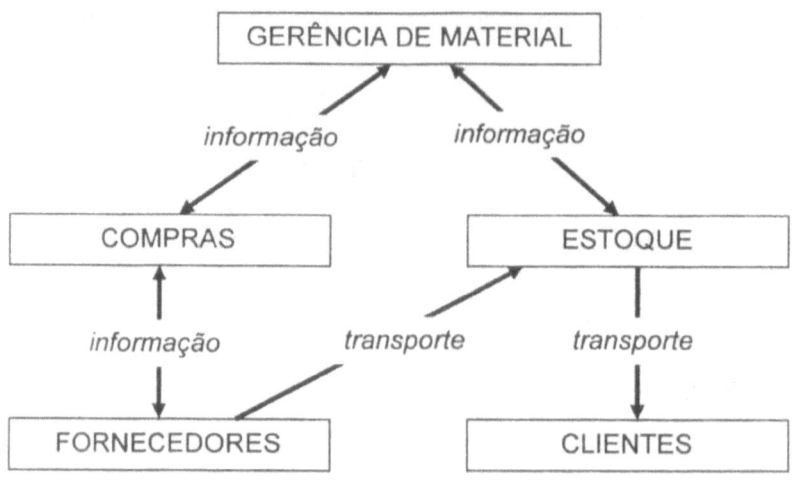

Figura 7 – Exemplo de logística de Materiais

Fonte: Material sobre Gestão _ Qualitymark Editora Ltda

Mostra-se na Figura 7, a título de exemplo, um diagrama que representa simplificadamente a logística de materiais, que faz parte de todas as atividades manutenção.

Gestão de Pessoas

Manutenção, como tantas outras atividades, é realizada por pessoas. Parece declaração óbvia, mas é comum deparar-se com clientes que imaginam que muitas de suas tarefas, poderiam ser automatizadas, dispensando-se pessoas.

Pessoas realizam a manutenção, nos diversos órgãos do organograma, logo pessoas devem ser gerenciadas.

Clientes têm necessidades e desejos. Executantes também os têm, e a satisfação desses desejos poderá contribuir com a construção de um clima de satisfação e empenho no trabalho.

Remuneração, assistência social, assistência médica e tantos outros direitos previstos em lei ao lado de liberalidades das empresas compõem este alicerce que pode propiciar aos trabalhadores a necessária tranqüilidade para execução de serviços com qualidade.

Serão aqui examinados outros itens, intangíveis, que podem ajudar a compor um ambiente em que frutifiquem empenho ao trabalho e à qualidade.

3.3.1 – Clima Organizacional

É muito comum ouvir-se nas empresas que o empregado é seu maior patrimônio, nele reside toda a qualidade dos produtos e tudo é feito pensando no empregado. A própria palavra empregado deixou de ser usada em diversas empresas, pois se passou a usar a palavra colaborador, como símbolo de alguma melhoria de status.

É importante, na verdade, ter consciência do que realmente existe de verdadeiro no discurso e na prática de gerentes de recursos humanos e gerentes funcionais, além de como tudo isso é visto pelos empregados.

Clima organizacional é o conjunto de estados psicológicos e sociológicos de uma equipe organizada para uma finalidade. O clima organizacional pode ser afetado, entre tantos outros fatores, por:

Eventos pessoais ou familiares, que afetam indivíduos;

Política trabalhista da empresa;

Remuneração;

Política de direitos e liberalidades sociais na empresa;

Política de informações na empresa;

- Conforto no trabalho;

- Pressão gerencial ou competitiva para realização do trabalho;

- Ambiente de equipe;

- Expectativas quanto a empregabilidade;

- Situação política, econômica e social do país;

- Como se vê, inúmeros fatores, individuais e coletivos, afetam o ambiente de trabalho. Nem sempre é possível gerenciar variações no clima organizacional, principalmente pela ausência de conhecimentos e ferramentas por parte do gestor de manutenção. A relação acima mostra implicações de saúde, psicologia, sociologia, economia, política e outras partes do conhecimento humano, impossíveis de serem dominadas por apenas uma pessoa. Entretanto, uma idéia do clima organizacional, que pode ser obtida por meio de pesquisas periódicas, é útil.

O conhecimento do clima organizacional é importante ferramenta estratégica à disposição de gerentes, na medida que disponibiliza informação sobre o que pensam e sentem seus empregados. Pode-se tomar decisões, iniciar ações ou implantar planos mais abrangentes a partir de conhecimento do clima organizacional, o que terá reflexos imediatos na qualidade do produto.

É importante ter sempre em mente que o clima organizacional, seja ele composto com pessoal próprio, contratado, ou misto, terá reflexos no atendimento aos clientes, que enxergam a administração como somente um órgão, independentemente de qual equipe técnica o esteja atendendo em determinada necessidade.

3.3.2 – Gerenciamento de metas

É comum mencionar avaliação de desempenho de empregados como método importante para atingir resultados. Isso está correto, mas está longe de ser suficiente.

O período imediatamente anterior à avaliação propriamente dita é pleno de expectativas e contradições. A avaliação, como tradicionalmente feita em muitos lugares, também não é um evento tranqüilo numa gestão de manutenção.

Isso ocorre por um defeito simples dessa forma de gerenciamento. Não se fixam, nesses casos, critérios de avaliação. Isso faz com que a equipe não saiba como será avaliada, e é fácil entender que o que ocorrer nas semanas mais próximas do dia da avaliação, positivo ou negativo, influirá em seu resultado. Isso pode gerar, na equipe toda, o impulso de trabalhar muito bem no mês imediatamente anterior à avaliação e relaxar com a qualidade nos demais meses, como estudantes que se preparam tão-somente para provas.

Mudança radial no quadro pode ser produzida com a fixação de metas de desempenho anuais ou mesmo semestrais para cada empregado, após negociação entre este e o gerente. Dessa forma, cada um saberá, desde o início, que metas alcançar e como será avaliado, quais são os pontos de seu desempenho em que deve melhorar, quais os que devem ser mantidos e quais os comportamentos inadequados à equipe e ao trabalho.

A fixação de metas bem-feita também deve incluir os meios para atingi-la, portanto empregado e gerente negociam programas de treinamento, programação de tarefas e o que mais for necessário e factível visando promover crescimento e desafios para os empregados.

Esse trabalho não deve tomar muito tempo nem energia dos envolvidos, não obstante sua importância. Além disso, metas individuais não devem ser divulgadas, pois forças e fraquezas de cada empregado como vistas pela gerência são itens pessoais.

Acrescente-se que cada empregado deve ser alertado para a contribuição do cumprimento de suas metas pessoais para o sucesso da equipe.

Delegação

O termo é usualmente empregado com relação a tarefas gerenciais, em que um empregado recebe, temporariamente, ordem e autoridade para tomar certas decisões em nome do gerente.

Um gestor de manutenção pode estar assoberbado, principalmente, por situações atípicas como obras súbitas e imprevistas ocorrências de falhas ou defeito em equipamentos ou sistemas, eventos de força maior ou mesmo lotação temporariamente insuficiente. Nesse caso, empregará a delegação de tarefas gerenciais por pouco tempo, o que se constituirá excelente exercício para ele, para o delegado e para toda a equipe. Entretanto, a perenização de tal situação imporá estudos aprofundados de adequação de lotação e estrutura organizacional da manutenção para atender às solicitações.

A priorização de tarefas feitas por um gerente visando atender ao que ele considerar mais importante pode não atender às necessidades e desejos dos clientes, por isso deve ser empregada com muita atenção.

A delegação propriamente dita, uma vez escolhida, trará forças e fraquezas, portanto riscos.

Uma vantagem importante é a preparação de um substituto, para afastamentos temporários do titular. Um gerente pode delegar tarefas gerenciais para diferentes empregados em oportunidades distintas, o que funcionará como desenvolvimento de uma verdadeira força de apoio gerencial e criará o costume da alternância de poder, além de proporcionar observação das melhores vocações gerenciais e do comportamento da equipe de subordinados. Esse rodízio evitará a concentração de poder, mesmo que ilusória e temporária, nas mãos de um dos componentes da equipe.

Do lado das desvantagens, o gerente deve estar atento para eventual surgimento de lutas de poder na equipe visando indicação como delegado, o que desvia atenção e força da equipe das tarefas precípuas de seus cargos.

Finalmente, propõe-se ampliar esse conceito, nele incluindo a tarefa de representar a manutenção junto aos clientes. Desenvolvendo o raciocínio, sugere-se conscientizar os executantes das tarefas para essa necessidade, da qual poucos têm consciência. A experiência mostra que diversas vezes se cria satisfação em executantes de tarefas nas instalações de clientes ao delegar a missão de representar a manutenção junto aos clientes. Observa-se, freqüentemente, o despertar uma espécie de amor-próprio, verdadeiro orgulho, por fazer parte da equipe.

Mais uma ampliação no entendimento do que seja delegação é examinar a possibilidade de delegar certas decisões e ações à equipe de executantes.

Deixar uma tarefa para ser programada e executada por um grupo, sem nomear um responsável direto, mas, em situações controladas, pode se constituir em exercício de observação de vocações de lideranças insuspeitas num grupo. Tal prática pressupõe a existência de uma equipe coesa e orientada coletivamente para o sucesso.

Todo esse quadro contribui para tornar ainda mais importante a tarefa do gerente de manutenção de mirar acima e adiante da própria situação, a da equipe, do desempenho, dos clientes, e de si próprio.

3.3.4 Desenvolvimento de recursos humanos

O aparecimento constante de inovações em equipamentos, sistemas e metodologias de trabalho, bem como novas exigências dos clientes, impõem necessidade de aprendizado técnico contínuo. A manutenção não pode se furtar a esse processo.

Há diversos pontos de atenção para a necessidade de desenvolvimento dos recursos humanos. As mais variadas informações devem ser buscadas e disseminadas por toda a equipe, sempre visando serviços com mais qualidade, menor prazo e menor custo para os clientes.

Uma equipe de manutenção deve ter todas as competências necessárias para bem executar seu trabalho, satisfazendo às necessidades e desejos dos clientes no limite dos recursos disponíveis.

É importante o entendimento de que a equipe detenha todas as competências necessárias, e não cada um de seus componentes. Não é necessário nem exeqüível que todos os componentes tenham todas as competências. Exemplificando, e apenas na área técnica, ou se é mecânico, ou se é eletricista. A tendência recente, de multidisciplinaridade, deve ser considerada com muitas reservas, pois não é humanamente possível desempenhar bem todas as funções necessárias da manutenção. Mesmo dentro de apenas uma função, como exemplo a manutenção, há especialidades que tomam tempo, medido em anos, para treinamento e formação do profissional.

Para desenvolver os recursos humanos disponíveis, um gerente precisa conhecer o ponto de partida, ou seja, como é a equipe que ele gerência. Os departamentos de recursos humanos dispõem de informações sobre cada um dos empregados, no tocante a sua situação social, profissional e de emprego, mas isso é insuficiente para que um gerente possa conhecer as competências e capacidade de sua equipe. Sem um conhecimento abrangente de seus recursos humanos, um gerente terá dificuldades de traçar um plano de desenvolvimento que capacite sua equipe para atingir as metas desejadas pela organização.

Desenvolvimento de equipe é metodologia que combina abordagens psicológicas, sociológicas e comportamentais em ações de diagnóstico e exercícios individuais e grupais para auto-conhecimento e autoconfiança; reconhecimento do outro, aproximação do outro, confiança no outro e, finalmente, formação de uma unidade de complementação com o outro visando uma finalidade específica.

Esse enfoque é indiscutivelmente adequado para uma equipe de manutenção, cuja finalidade específica, nunca é demais repetir, é a satisfação e mesmo superação dos desejos dos clientes.

Uma vez realizado um desenvolvimento de equipe, cabe ao gerente mais uma responsabilidade, que é de manter acesa essa chama, o que pode ser feito com reuniões periódicas com seu pessoal, visando acompanhar o desenvolvimento da semente plantada.

Essas reuniões, como seriam feitas para manutenção do espírito de equipe, devem ser empregadas para apresentação geral de assuntos de interesse da manutenção, transmissão de orientação coletiva, bem como pequenas comemorações de vitórias individuais ou coletivas. Há empresas em que se realizam, periodicamente, reuniões exclusivamente para confraternização mensal. O investimento é pequeno e os resultados podem ser surpreendentemente positivos.

– Confiabilidade Humana

Clientes desejam preço mínimo e qualidade máxima e constante. Depara-se, aqui, com a inegável variabilidade humana, conseqüência de eventos passados ou presentes, de atmosfera ou expectativas que cerquem cada executante.

A proximidade de "feriadões", festas ou Carnaval, também gera muita expectativa e modifica as condições psicológicas da equipe, com reflexos na qualidade do trabalho. Mencionem-se, também, causas sérias para desânimo, como problemas pessoais envolvendo saúde, família e situação financeira.

Seguindo nessa linha de raciocínio, expectativas futuras, sejam positivas, sejam negativas, envolvendo os fatores mencionados acima, como jogos importantes, feriados, férias, festas, preservação de emprego, doenças e tantos outros, modificam as condições pessoais de um executante de tarefas de manutenção.

A compatibilização dos desejos dos clientes com os variados estados de ânimo dos executantes torna-se difícil. Eles não são máquinas, de comportamento quase sempre previsível e constante.

A confiabilidade dos trabalhadores será refletida na constância da qualidade do trabalho e na previsibilidade dos resultados.

O gestor da manutenção tem papel capital no diagnóstico da situação de sua equipe e deve estar atento para a possibilidade de reprogramação de serviços quanto aos prazos de execução e indicação de responsáveis, quando possível, para que clientes percebam o trabalho como algo quase constante em produtividade e qualidade.

Gestão de Custos

Custo de manutenção x Custo das Falhas

As exigências quanto à qualidade de produtos e serviços estão cada vez mais elevadas. Por outro lado, demanda-se cada vez mais redução de custos. Existe claro conflito entre esses dois parâmetros, pois, habitualmente, maior qualidade se obtém à custa de maiores gastos. Nesse quadro também os clientes da manutenção se tornam mais exigentes, impondo dificuldades para o trabalho do gestor e sua equipe.

A competição entre as empresas para obter sucesso nesse ambiente está acirrada, como se vê em todos os ramos de atividade comercial.

Alternativas diferentes, com custos e qualidade diferentes, podem propiciar obtenção de soluções tecnicamente semelhantes e, sob o ponto de vista do cliente, idênticas.

Estudos matriciais que cruzem qualidade, custos e vida útil de cada investimento ou gasto revestem-se de importância especial. Incrível como possa parecer, nem sempre um custo mais elevado é a pior opção, particularmente no tocante aos demais componentes da matriz de estudo considerada. Entretanto, pode ser muito difícil obter concordância dos clientes para um custo muito mais elevado.

A gestão da manutenção passa a necessitar de técnicas de negociação para o trabalho de convencimento dos interlocutores quanto a seus projetos, que devem ser bem explicados nos aspectos técnicos, de custo e de resultados a obter.

É importante que as diversas alternativas, bem como o resultado do cruzamento delas, sejam estudadas na amplitude possível e as previsões, além de bem-feitas, sejam factíveis, pois uma recomendação carregada de aspectos técnicos que somente especialistas conhecem, pode levar a administração a gastos que venham a se revelar desmedidos, fora de foco ou mesmo inúteis para a solução do problema em questão.

Todas os conceitos e informações anteriores a esse item devem ser utilizados pela gestão para obtenção de satisfação dos clientes, despendendo o "melhor custo".

– Manutenção como investimento

Investimento é gasto que tem, como principal conseqüência, o aumento do valor contábil da empresa. Instalações e máquinas são classificadas como investimentos, bem como matéria-prima estocada e ainda não empregada no processo produtivo.

Custo é gasto relativo ao bem ou serviço utilizado na produção de outros bens ou serviços. Matéria-prima, depreciação de equipamentos e energia elétrica efetivamente utilizada no processo produtivo são custos.

Despesa, por sua vez, é bem ou serviço consumidos direta ou indiretamente para a obtenção de receitas. Quanto ao processo produtivo em si, quase sempre despesas são gastos indiretos. Pode-se citar comissão de vendas, gastos com overhead e gastos com logística como despesas.

Desembolso é o efetivo pagamento por um dos gastos citados acima.

Essa classificação freqüentemente é dinâmica, pois o trabalho da contabilidade faz com que gastos sejam classificados como investimento, custo ou despesa de acordo com o instante da análise. Como exemplo, matéria-prima é classificada como investimento enquanto estiver estocada, mas passa a custo no momento de seu emprego no processo produtivo, e volta a investimento, ainda, quando o produto pronto é estocado à espera de distribuição.

As práticas contábeis utilizadas atualmente, de maneira geral, fazem classificar manutenção, conservação e limpeza como despesas. A constante atenção para a necessidade de reduzir custos sempre faz com que essas três atividades estejam entre as primeiras em que se pensa em fazer cortes.

Impõe-se, aqui, importante mudança de pensamento. Deve-se, independentemente da classificação contábil, encarar manutenção como investimento, pois qualquer tarefa de manutenção executada numa instalação ou equipamento terá como resultado recuperar ou aumentar sua vida útil ou mesmo melhorar as condições de qualidade do processo produtivo, permitindo continuar a obter produtos e fazê-lo com qualidade. Cabe à Gerência de manutenção pensar assim e disseminar essa noção, para que suas ações sejam encaradas como investimentos necessários para a manutenção de um capital que foi imobilizado.

Numa era plena de inovações tecnológicas, aumento de exigências de clientes e acirrada competição entre instituições. Tal situação demanda adoção de novas metodologias que visem obtenção dos melhores resultados das empresas. Há que obter a maior produtividade possível de equipamentos e instalações, não obstante reduzindo os gastos em produção e de manutenção.

Apesar disso, em muitos casos a Manutenção é gerenciada com técnicas antigas, desprezando as inovações citadas no que puderem ser empregadas nesse campo. É obrigatório investir e implementar programas dirigidos para otimização de desempenho de instalações e equipamentos, o que certamente resultará em amplo projeto de desenvolvimento do setor. Tal desenvolvimento certamente passará por modernização de toda a Função Manutenção, incluindo, entre outras técnicas, manutenção baseada em confiabilidade, planejamento, desenvolvimento de recursos humanos, qualidade, melhorias no clima organizacional e gerência, visando procurar levar a manutenção ao nível de excelência.

6.   Referências Bibliográficas

ACURI, Rogério Filho. Manutenção é coisa muito séria, ABRAMAN, 2002.

GIANESI, Irineu G.N.; CORRÊA, Henrique Luiz. Administração Estratégica de Serviços: operações para satisfação do cliente, São Paulo, Atlas, 1994.

GUERRA, Rena Souza. Gestão do Conhecimento e Gestão pela Qualidade. Belo Horizonte, Editora C/ Arte, 2002.

JÚLIO, Carlos Alberto; SALIBI, José Neto. Estratégia e Planejamento: Autores e ConceitosImprescindíveis. São Paulo, Publifolha, 2002 – (Coletânea HSM Management).

KARDEC, Alan Pinto; NASCIF, Júlio de Aquino Xavier. Manutenção: Função Estratégica, Rio de Janeiro, Qualitymark Editora Ltda, 2001.

MALDONADO, J. Administração estratégica e gestão em organizações de C&T, Rio de Janeiro, 2002.

MINTZBERG, Henry et al. Safári de Estratégia: um roteiro pela selva do planejamento
estratégico, Porto Alegre, Bookman, 2000.

NASCIF, Júlio de Aquino Xavier. Manutenção Classe Mundial, Congresso Brasileiro de Manutenção, Salvador, 1998.

ROMAIN, Jean-François. As Questões na Gestão e Administração da Função Manutenção, ABRAMAN, 2002.

TAKASHINA, Newton Tadachi; FLORES, Mário C. X., Indicadores da Qualidade e do

Desempenho: como estabelecer metas e medir resultados, Rio de Janeiro, Qualitymark, 1996

www.abraman.org.br   Consultado diversas vezes durante a execução do trabalho, último acesso 08/08/08.

www.ingramcontent.com/pod-product-compliance
Lightning Source LLC
Chambersburg PA
CBHW030502220526
45464CB00006B/2621